懒人烤箱料理

〔日〕新田亚素美◇著　赵百灵◇译

U0274930

南海出版公司

2019·海口

切好食材，放入烤箱，耐心等待。
之后，迎接你的将是大家满意的笑颜

我特别喜欢烤箱料理。之所以喜欢，是因为在我的印象中，大多数人吃过烤箱料理都能满意而归。

小时候，我们家经常会招待各种客人，而烤箱料理和大锅菜就是那时餐桌上的主角。记忆里，我和我家的厨艺高手——外婆，两个人经常一起在厨房里忙碌。外婆亲手制作的美食泛着浅浅的茶色，颜色鲜亮，五味俱全，无数次邂逅这些令人食指大动的美食，让我渐渐萌生了成为美食专栏作家的想法。

长大后，因为工作关系忙得脚不沾地的时候，一边想着"要合理利用时间，不能花费太多工夫在烹饪上"，一边还想"要办一场家庭聚会"，这时候最适合做的就是烤箱料理！

在食材中拌入喜欢的调味料，稍微花些功夫摆盘，之后的一切就都可以交给烤箱啦。关于摆盘，既可以即兴发挥把五颜六色的蔬菜和肉随意摆放，也可以按照颜色把食材摆成规则的几列。总之，你的美食你做主，随心情尽量地尝试吧！和朋友闲谈之间，食材就变身成为美食，全部由烤箱自动完成，完全不需要额外的人力。

把食材随意切一切，加入调味料迅速搅拌一下，放入烤箱后耐心等待，只需要简单的三步，之后迎接你的就是大家满意的笑颜。

烤箱料理竟然有这么多优点

Oven is wonderful!

1

全自动工作，解放人力！

做烤箱料理只要把切好的食材放进烤箱耐心等待就可以了。而使用普通锅或者是平底锅做菜时，为了避免煳锅，必须时刻守在炉灶旁边不停地翻炒、搅拌。稍不留神，就有汤汁溢出的可能……而烤箱却能把以上的顾虑统统打消。切好食物，稍微摆盘，之后的一切都交给烤箱，我们只要耐心等待美食出炉就可以了。不过，要千万小心不要被烫伤哦！

2

浓缩美味！

烤箱料理的魅力（也可以说是这本菜谱的魅力）在于成功率极高。总之，只要把食材切好，按照菜谱的指导调好味，然后放进烤箱就可以了。烤箱能自动烤熟食材，并充分激发出食材的香味。本书中使用的都是可以在超市买到的普通食材。牛排用的是普通的澳洲牛肉，即使烤过也不会变硬或者变柴。这都是烤箱的功劳。

3

成品卖相极佳！

作为美食专栏作者，我最擅长的就是摆盘。这本菜谱使用的食材超级简单，基本上都是鱼搭配蔬菜或者肉搭配蔬菜。所谓美食就是既好吃又好看的食物。换句话说，美食的卖相和味道同等重要。烤箱最大的优点就是不需要翻炒、炖煮，所以可以完美保留最初摆盘时的造型。造型上可以自由发挥，充分享受创作的乐趣。

4

食客们都忍不住连连称赞！

将冒着热气的美食连同烤盘一起端上餐桌，烤箱料理的魅力以及视觉冲击力是其他大份菜品无法超越的。虽然做法简单，但却能让等待的食客们忍不住发出惊叹声，进而交口称赞。对于下厨的人来说，惊叹声中包含的赞美之情，绝不亚于那句经典的"太好吃了"。

目录

关于本书的简单使用说明

预热烤箱很重要

◆本书中的烘烤时间从预热完毕开始计算。烘烤前一定要先预热烤箱，如果烤箱温度不足，不仅容易溅起肉汁等液体，还会破坏烤箱料理独有的口感。

◆预热要视烤箱的型号而定。

关于烤箱烹饪

◆本书中的烤箱料理均使用电烤箱制作。不同型号的烤箱其加热时间可能稍有差别，请根据具体情况灵活调整。如果您使用的是燃气烤箱，请将烘烤温度调低10℃。

◆烤箱加热的温度以及时间，以下火为准。

◆如果遇到未到规定时间，食材却烤煳的情况，请在食材上盖一层锡纸，仍按规定时间烤熟食材。

◆如果想烤得更加充分，或者喜欢略焦的口感，可以适当多加热1～2分钟。

◆使用其他烤盘、耐热容器、普通锅、平底锅制作烤箱料理时，要把这些容器放在烤箱自带的烤盘上。

关于分量

◆本书中使用的是30cm×30cm的烤盘，食材分量也依此而定。盛装的食材分量为3～4人份。

◆本书中使用的耐热容器，因形状大小会略有差异，盛装的食材分量为2～3人份。

◆本书中使用的普通锅或者平底锅为通用大小，盛装的食材分量为2～3人份。

◆1小勺为5mL，1大勺为15mL。

准备工作

◆蔬菜使用前需清洗、剥皮、去蒂、摘净，以上准备工作在本书中均省略。

part 1
用烤盘做烤箱料理

用烤盘做烤箱料理时，
可以迅速摆盘并放进烤箱加热。
如果在烤盘上铺一层烘焙用纸，清洁工作也会变得简单，
总之是非常适合招待宾客的料理。

烤盘的使用方法

How to use

可以使用烤箱自带的烤盘，也可以把不锈钢或者搪瓷方盘当作烤盘来用，
使用铝制的馅饼盘或者蛋糕烤盘也没问题。建议事先在烤盘上铺一层烘焙用纸，
这样不仅不会弄脏烤盘，也方便餐后的清洁。

先在烤盘上铺一层烘焙用纸，再把食材摆在上面烘烤。

可以用蛋糕烤盘替代烤箱自带的烤盘。

铝制烤盘也不错哦。

用多少次都不会腻的圆形铝盘。

搪瓷方盘也能当作烤盘使用。

孜然黄油烤大块南瓜培根

南瓜烘烤后会更加甘甜，搭配大块培根，味道恰到好处。孜然千万不要用孜然粉，一定要用孜然粒。孜然独特的香味会在口中蔓延，令人回味无穷。南瓜尽量切大块才更好吃哦！

180℃／25分钟

材料

大块培根……150g

南瓜……1/2 个

洋葱……1 个

黄油……20g

A | 孜然粒……1 小勺
蒜泥（磨碎）……约 1 瓣的量

盐……1/2 小勺

做法

1 带皮的南瓜切成约 4cm 见方的大块，培根切成 2cm 厚的大块，洋葱切成约 3cm 宽月牙形的大块备用。

2 在南瓜和洋葱上稍微撒些盐，连同培根一起放在烤盘上，用汤勺把黄油以及 A 中的材料满满地涂在食材上。

3 放入 180℃的烤箱内烤 25 分钟。

无花果红薯烤带骨鸡腿肉

这道菜非常适合待客。如果没有无花果，也可以用苹果或者
是带皮的葡萄代替。意大利黑葡萄醋搭配酱油是时下经典的
调味组合。再加上一些鱼露，味道更加浓郁哦！

材料

带骨鸡腿肉……500g

无花果……4 个

红薯……2 个

A
酱油……2 大勺
鱼露……2 大勺
意大利黑葡萄醋……2 大勺
蜂蜜……1 小勺

百里香……2 ~ 3 根

橄榄油……2 大勺

做法

1 带皮的无花果切成4等份,红薯切成不规则的小块备用。

2 将 A 中的材料和鸡腿、无花果混合在一起搅拌均匀，
淋上橄榄油，撒上百里香，放进200℃的烤箱内烤 25
分钟。

200℃／25分钟

意大利黑葡萄醋味噌烤苹果排骨

如果用餐人数较多，建议把排骨切成适口的小块，方便享用。葡萄干也可以用杏肉干或者杜果干代替。

材料

排骨……800g
红薯……2 个
苹果……2 个
无花果干……3 个
西梅干……3 个
葡萄干……1 大勺
迷迭香……2 根

A
意大利黑葡萄醋……1½ 大勺
味噌……2 大勺
酱油……2 大勺
蜂蜜……1 小勺

橄榄油……1 大勺

做法

1 把苹果切成半圆形的小块，红薯横向切成厚一点的圆片。无花果干和西梅干分别切成 2 ～ 3 等份。

2 将排骨、葡萄干与步骤 1 的食材混合在一起，加入 A 中的材料搅拌均匀。将以上食材放在烤盘上，均匀地淋上一圈橄榄油，最后把迷迭香撕碎撒在上面，放入 210℃的烤箱内烤 25 分钟。

210℃／25 分钟

辣椒番茄烤莲藕虾

虾去壳烤容易变硬，所以可以把虾线去掉带着壳一起烤。佐以番茄酱，更适合成人的口味。味道微辣，适合搭配啤酒一起享用。

材料

虾……12 只
莲藕……300g
小青椒……12 根

A
浓缩番茄膏……1 大勺
番茄酱……3½ 大勺
蒜泥……约 1/2 瓣的量
日式一味辣椒粉……1/2 小勺
红辣椒粉……1/2 小勺
酱油……1 小勺

做法

1 将带壳的虾洗净控干水分，切开虾背去掉虾线。莲藕切成半圆形的藕片备用。

2 将 A 中的材料和所有食材混合在一起搅拌均匀，放入200℃的烤箱内烤 20 分钟。

200℃／20分钟

蘑菇山药烤猪里脊

为了搭配整块里脊肉，使得整体效果更加美观，要把山药切成大块，各类蘑菇也要尽量掰散。猪肉块稍微烤焦些会更好吃，不过如果不喜欢焦煳的口感，中途可以盖上一层锡纸再继续烤。

材料

猪里脊肉……500g

香菇……8 个

灰树花……1 小袋

蟹味菇……1 小袋

山药……200g

A
- 酱油……90mL
- 蜂蜜……3 大勺
- 芥末酱……1 大勺
- 蒜……1 瓣
- 橄榄油……1 大勺

做法

1 将一半 A 中的材料均匀地涂在猪里脊肉上，将猪里脊肉装入塑料袋内，放进冰箱冷藏 30 分钟。

2 将香菇对半切开，灰树花和蟹味菇掰成小朵。带皮的山药切成不规则的大块备用。

3 把余下的 A 中的材料与步骤 2 中的食材混合在一起。

4 把猪里脊肉放进 200℃的烤箱内烤 25 分钟，然后把蔬菜撒在肉的周围再烤 15 分钟。

200℃／25 分钟
▼
200℃／15 分钟

抱子甘蓝芜菁烤鲷鱼

210℃／20分钟

抱子甘蓝味道微苦，与鲷鱼的鲜香完美地融合在一起。鲷鱼不需要切成小块，直接将大块的鱼肉放在烤盘正中，这样更能锁住水分。将调味汁涂满鱼肉表面，烤出来的鱼更香哦！

材料

鲷鱼……4 大块

芜菁……4 个

抱子甘蓝……20 个

A
| 芝麻油……1 大勺
| 蚝油……1½ 大勺
| 鱼露……1½ 大勺
| 白糖……1 小勺

做法

1 鲷鱼上撒些盐，静置一小会儿。

2 芜菁留下 1cm 左右的叶，根切成 4 等份备用。取一半 A 中材料与芜菁、抱子甘蓝混合在一起，剩下的都涂抹在鲷鱼肉上。将以上食材放入 210℃的烤箱内烤 20 分钟。

黑啤酒烤甜椒鸡胸肉

用黑啤酒腌过的鸡胸肉更加鲜嫩可口。如果时间充裕，可将鸡胸肉放在冰箱里冷藏一晚，肉质会更加鲜嫩。绿甜椒可带籽烹制，这是烤箱独有的做法！

220℃ / 15分钟

材料

鸡胸肉……1 块

绿甜椒……4 个

洋葱……1 个

玉米……1 根

盐……1/2 小勺

A
黑啤酒……100mL
蜂蜜……2 大勺
酱油……3 大勺
醋……1 大勺

做法

1 鸡胸肉切块，洋葱切成月牙形的小块，玉米横向切段。绿甜椒不用去籽，用手撕成块备用。

2 取 A 中的材料约 2 大勺和步骤 1 的食材混合在一起，剩下的熬煮成酱汁备用。

3 将食材放入 220℃ 的烤箱内烤 15 分钟，淋上酱汁即可享用。

烤法棍卡蒙贝尔奶酪

——柚子胡椒、枫糖浆坚果碎

220℃／20分钟

一个烤盘上，既可以烤蔬菜也可以烤主食面包，打开烤箱门就能看见丰盛的一餐。用酥脆的法棍面包蘸取柔滑的卡蒙贝尔奶酪，超级好吃！为了方便小朋友们享用，可以用酱油代替柚子胡椒。学会这道菜，不出家门就能品尝法餐！

材料

卡蒙贝尔奶酪……2 块

南瓜……1/3 个

西蓝花……1/3 棵

菜花……1/3 棵

法棍面包……1/3 根

A
日式柚子胡椒……2 小勺
鳀鱼（切碎）……1 片
蒜泥……约 1/2 瓣的量

B
枫糖浆……1 大勺
坚果碎（根据喜好选择）……1 大勺
胡椒碎……1/2 小勺

做法

1 南瓜切薄片，西蓝花和菜花切成小朵，法棍面包切成长条状备用。

2 将卡蒙贝尔奶酪上面削掉一些，分别把 A 和 B 中的材料放在两块奶酪上，然后把奶酪放在烤盘上。

3 将其他食材铺在奶酪周围，放入 220℃的烤箱内烤 20 分钟。

蒜香欧芹味噌烤菜花三文鱼

味噌搭配黄油味道极佳，红色、白色、绿色的食材错落有致，让人食欲大增。配料也可以用干欧芹，不过用鲜欧芹会更加提味。

材料

三文鱼……4 大块
菜花……1 棵
四季豆……10 根

A
┃ 欧芹（切碎）……5g
┃ 味噌……3 大勺
┃ 蒜……1/2 瓣
┃ 蜂蜜……1 大勺
┃ 黄油……1 大勺

做法

1 三文鱼块切成 4 等份，菜花切成稍微大一些的小朵，四季豆横着在中间切一刀。

2 把 A 中的材料和上述所有食材混合在一起，搅拌均匀，放入 220℃的烤箱内烤 15 分钟。

220℃／**15**分钟

番茄杏仁糊烤鲜虾多彩蔬菜

洋葱直接带皮切，可以有效地锁住水分。如果没有料理机，可以用刀切碎番茄，再把杏仁片研成粉拌入其中。

材料

虾……12 只
洋葱……2 个
黄甜椒……1 个
绿甜椒……4 个

A
番茄……1 个
杏仁片……25g
蒜……1 瓣
鳀鱼……3 片
橄榄油……2 大勺
盐……1 小勺
白糖……1 小撮

做法

1 带皮的洋葱直接切成圆片，绿甜椒去籽后切 4 等份，黄甜椒切 8 等份。

2 用料理机把 A 中材料搅拌成糊状，取一部分涂在洋葱上，剩下的和虾、绿甜椒、黄甜椒混合在一起。把上述食材放入 220℃的烤箱内烤 25 分钟。

220℃／25分钟

味噌花生酱烤芜菁三文鱼

200℃／20分钟

花生酱搭配味噌的味道类似于印度尼西亚的风味烤串"沙嗲"。如果没有三文鱼，也可以用鸡肉代替。如果选用的是含糖的花生酱，可以不额外添加白糖。

材料

三文鱼……4 大块
紫洋葱……2 个
芜菁……3 个
A { 味噌……2 大勺
    酱油……2 大勺
花生酱……1 大勺
白糖……1 大勺

做法

1 把三文鱼切成 3 等份，紫洋葱不去芯直接切成月牙形的小块，芜菁切 4 等份备用。

2 把 A 中材料和上述所有食材混合在一起，搅拌均匀，放入 200℃的烤箱内烤 20 分钟。

柚子胡椒奶酪烤鸡翅土豆

200℃／20分钟
▼
220℃／10分钟

柚子胡椒搭配奶酪，意外地爽口！即便凉了以后吃，微硬的奶酪配上嫩滑的鸡肉，口感也
不输刚出炉的时候。当然也可以再放进微波炉里稍微热一热，让奶酪重新化开，再现美味。

材料

鸡翅……8 根

土豆……中等大小 4 个

四季豆……12 根

A │ 柚子胡椒……1½ 大勺
  │ 橙醋……3 大勺
  │ 白糖……2 小勺

比萨用奶酪……60g

做法

1 把带皮的土豆切成月牙形的小块，四季豆从中间切开。

2 把 A 中材料和土豆、鸡翅、四季豆混合在一起，搅拌均匀。

3 把步骤 2 的食材放在烤盘上，放入 200℃的烤箱内烤 20 分钟，铺上奶酪再以 220℃烤 10 分钟。

酱油柠檬烤鸡肉芋头

热腾腾、黏糊糊的烤芋头,最适合冬天享用。烤制过程中,不时打开烤箱,把流到烤盘上的汤汁浇在食材上,味道会更好哦。

材料

鸡腿肉……2 块
芋头……12 个
胡萝卜……1 根
小青椒……10 根
柠檬汁……1 个的量

A
橄榄油……2 大勺
酱油……3 大勺
蚝油……1½ 大勺
蒜……1 瓣
白糖……1 小勺

做法

1 鸡腿肉切块成适口的小块,芋头去皮后对半切开,带皮的胡萝卜切成不规则的小块。

2 将鸡腿肉、A 中的材料以及一半柠檬汁,一起放进塑料袋内反复揉搓,与芋头、蒜、小青椒混合均匀。

3 将上述食材放在烤盘上,放入 200℃的烤箱内烤 25 分钟。浇上剩下的柠檬汁即可享用。

200℃/25 分钟

印度唐多里
烤海鲜

这道菜是印度唐多里烤鸡的海鲜版本。菜谱中的鲕鱼可以替换成应季的旗鱼、鲅鱼、三文鱼等。

材料

虾……8 只

鱿鱼……1 条

鲕鱼……2 大块

西葫芦……1 根

小番茄……8 个

A
酸奶……1 大勺
咖喱粉……2 小勺
辣椒粉……1 小勺
番茄酱……2½ 大勺
英国辣酱油……2½ 大勺

做法

1 虾洗净后控干水分。鱿鱼去内脏，带皮横着切成圆环状。鲕鱼切成 3 等份，西葫芦切圆片备用。

2 将步骤 1 的食材、小番茄以及 A 中材料混合均匀，放入220℃的烤箱内烤 15 分钟。

220℃／15分钟

胡椒塔塔酱烤西蓝花鳕鱼

超级好吃的塔塔酱！配料中不仅有蛋黄酱，还有爽口的酸奶，清爽不油腻，很符合成人的口味。
如果搭配白葡萄酒，再适当加入一些切碎的酸黄瓜口感会更好。

材料

鳕鱼……4 大块

西蓝花……1 棵

胡萝卜……1 根

A
┃ 蛋黄酱……3 大勺
┃ 酸奶……1 大勺
┃ 盐……1/2 小勺
┃ 洋葱（切碎）……30g
┃ 胡椒碎……1 小勺

做法

1 鳕鱼切成 3 等份，西蓝花切成小朵，胡萝卜竖着切半后再切成长条状。

2 将鳕鱼、西蓝花、胡萝卜铺在烤盘上，再将 A 中材料均匀地撒在食材上，放入 200℃的烤箱内烤 25 分钟。

200℃／**25**分钟

姜蒜烤五花肉
什锦蔬菜

也可以烤制胡萝卜、莲藕等根茎类的应季食材，只须将烤制时间延长 5 ～ 10 分钟即可。青海苔和红姜凸显了日本关西风味哦！

材料

猪五花肉……200g

茄子……3 根

绿甜椒……2 个

红甜椒……2 个

玉米……1 根

A ｜ 酱油……2 大勺
　｜ 蒜泥……约 1/2 瓣的量
　｜ 蚝油……2 大勺

B ｜ 芝麻油……2 大勺
　｜ 面包糠……5 大勺
　｜ 蒜泥……约 1/2 瓣的量
　｜ 青海苔……2 小勺

红姜（切粗末）……10g

做法

1 茄子削皮（不用削干净，最好有斑斑点点的茄皮残留）后横着切圆段，红、绿甜椒分别切成 4 等份，玉米切圆段。猪五花肉切成适口的小块。

2 将步骤 1 的食材和 A 中的材料混拌在一起，再将 B 中的材料撒在上面，放入 200℃的烤箱内烤 20 分钟。

3 最后撒上红姜碎末即可享用。

200℃／20分钟

烤千层圆白菜
培根番茄干

平日不是很受欢迎的圆白菜也能变身为待客佳肴！把番茄干、鳀鱼夹在圆白菜的叶子之间，就是一道适合成人口味的烤箱美味。

材料

圆白菜……1/2 个
培根……3 片
番茄干……3 个（用水泡好）
鳀鱼……3 片
蒜……1 瓣
帕尔玛奶酪……2 大勺
橄榄油……2 大勺

做法

1 把带心的圆白菜切成月牙形的 6 等份，蒜切薄片。鳀鱼和番茄干切成 1cm 宽的条状。

2 把培根、番茄干、鳀鱼以及蒜片满满地塞在圆白菜的叶片之间。

3 撒上帕尔玛奶酪，淋上橄榄油，放入 200℃的烤箱内烤 20 分钟。

| 200℃／20分钟 |

黑胡椒烤芹菜牛排

在烤箱的高温炙烤下，脂肪含量较少、容易
"老"的澳洲牛肉也会变得鲜嫩多汁。搭配
牛油果一起烹饪，再将菜肴提升一个档次！

材料

牛排……400g
芹菜……3 根
牛油果……2 个
小番茄……8 个

A
黑胡椒粒……1 小勺
蒜泥……约 1 瓣的量
孜然粒……1 小勺
盐……2 小勺
橄榄油……1 大勺

做法

1 将芹菜切成长条状，牛肉和牛油果都切
成 4cm 见方的色子块。黑胡椒粒用厨房
用纸包好，用一个空瓶子轻轻擀碎。

2 把 A 中的材料和牛肉、芹菜、牛油果混
拌在一起。

3 把所有材料放在烤盘上，淋上一圈橄榄
油，放入 230℃的烤箱内烤 15 分钟。

230℃／15 分钟

part 2

用耐热容器做烤箱料理

使用各种耐热容器可以做出与众不同的烤箱料理。

形状各异、深浅不一、五颜六色的耐热容器，可以让菜肴看起来更加美味。

耐热容器里会形成一圈汤汁焦边，反而令人食欲大增。

耐热容器的使用方法

How to use

不拘泥于形状，方形、圆形、椭圆形等，只要是耐热容器都可以放进烤箱。

耐热容器可以直接端上餐桌，省时省力又赏心悦目，

一边享用美味佳肴一边欣赏美观的食器，何乐而不为？

首推奶汁烤菜专用圆盘。

纯白色的方盘衬托得菜肴更加美味。

椭圆形浅盘用来做烤箱料理也十分合适。

带把手的耐热容器看起来十分抢眼。

特色焦边效果

为了让菜肴看起来更好吃，可以特意做出焦边效果。不用擦掉容器边缘沾上的汤汁或者调料汁，这样烤出来的焦煳效果反而能为菜肴增色添香。这也是做好烤箱料理的秘诀之一。

酱油烤扇贝水芹日式多利亚饭

220℃／15分钟

这道菜使用的是扇贝罐头，简便易操作。如果购买的白酱浓度较高，可适当加水稀释。
扇贝罐头一定要带着汁一起放进去，罐头汁是整道菜成功的关键。

材料

扇贝罐头（贝肉）……1罐（60g）

水芹……1把

米饭……300g

面包糠……2大勺

酱油……1大勺

白酱（市售）……100g

水……2大勺

黄油……10g

做法

1 水芹切成约1cm长的小段。

2 将水芹、扇贝罐头（带汁）、白酱、水、酱油倒进碗中混合，再加入米饭搅拌均匀。

3 将步骤2的食材放入耐热容器内，把黄油铺在上面，撒上面包糠，放入220℃的烤箱内烤15分钟。

红葡萄酒烤鸡肝西梅干

经过烤箱烤制的鸡肝鲜嫩柔软，非常适合当作下酒小菜。
也可以将法棍面包稍微烤一下，蘸着汤汁或者搭配食材一
起吃，味道绝佳！杏子果酱可以用其他果酱替代。

材料

鸡肝……200g

西梅干……4 个

无花果干……2 个

A
| 杏子果酱……60g
| 酱油……1 大勺
| 红葡萄酒……50mL
| 蒜……1/2 瓣

百里香（干的也可以）……适量

混合坚果……30g

胡椒碎……少许

做法

1 洗净鸡肝，擦干水分，切成适口的小块。无花果干和西梅干对半切开。

2 将 A 中的材料和步骤 1 的食材混合在一起，放入耐热容器内，撒上百里香，放入 200℃的烤箱内烤 15分钟。

3 撒上研碎的混合坚果以及胡椒碎即可享用。

200℃／15分钟

酸奶烤香肠牛油果

酸奶、鱼露再加上辣椒粉，具有浓厚的东方风味。烘烤后的牛油果口感十分软糯，别具特色。

材料

香肠……4 根
牛油果……2 个
洋葱……1/2 个

A
酸奶……150g
鱼露……2 小勺
白糖……1 小勺
蒜泥……约 1/3 瓣的量
辣椒粉……1/3 小勺

帕尔玛奶酪……2 大勺

做法

1 将牛油果切成 8 等份，洋葱切薄片备用。

2 把 1/3 的 A 中材料、香肠以及步骤 1 的食材混拌在一起。

3 将混合好的食材放进耐热容器中，浇上剩余的 A 中材料，再撒上帕尔玛奶酪，放入 220℃的烤箱内烤 20 分钟。

220℃ / 20分钟

多彩小番茄烤法棍面包片

用烤箱烤制的法棍面包片，比用平底锅煎的更加浓厚。短时间就能做好的烤箱料理，作为赶时间时的早餐再合适不过。

材料

培根……2 片
各色小番茄……5 个
法棍面包……4 大块
鸡蛋……2 个
盐……1/2 小勺
牛奶……200mL
蒜泥……约 1/2 瓣的量
辣椒粉……少许
帕尔玛奶酪……1 大勺

做法

1 将法棍面包切成约 2cm 厚的大块，培根和小番茄都对半切开。

2 将鸡蛋打散，放入牛奶、盐、蒜泥搅拌均匀，将法棍面包片浸满蛋液。

3 把法棍面包片铺在耐热容器内，培根分别放在面包片上，小番茄摆在周围，然后浇上剩余的蛋液。放入 220℃的烤箱内烤 15 分钟。最后撒上辣椒粉即可享用。

220℃／15分钟

烤白菜夹咸牛肉

用咸牛肉罐头做这道菜，比用肉末方便，味道也更加醇厚。搭配罗勒叶，瞬间让小菜变身大餐！

材料

白菜……1/4 个
咸牛肉罐头……1 罐

A | 中浓蔬菜汁……1 大勺
  | 意大利黑葡萄醋……1/2 大勺

罗勒叶……10 片
橄榄油……2 大勺
盐……少许

做法

1 把咸牛肉和 A 中的材料混在一起，塞在白菜的叶片之间，罗勒叶也一起夹在其中。

2 放入耐热容器内，撒上盐，淋上一圈橄榄油，放入 200℃ 的烤箱内烤 30 分钟。

200℃／30分钟

鱼露奶油烤茼蒿牡蛎

浓醇的汤汁搭配鲜美的牡蛎和微苦的茼蒿，味道绝佳。不要被茼蒿的量吓到，烘烤会让菜叶失水缩小，请放心地添加吧。

材料

牡蛎……150g
茼蒿……1 把
A | 鲜奶油……100mL
　 | 鱼露……1½ 小勺
　 | 白糖……1/2 小勺
面包糠……4 大勺
芝麻油……2 小勺

做法

1 茼蒿切大块，牡蛎洗净。将面包糠和芝麻油混拌在一起。

2 牡蛎和茼蒿一起放入耐热容器内，倒入 A 中的材料，撒上面包糠，放入 220℃的烤箱内烤 15 分钟。

220℃／15分钟

烤大葱五花肉卷

200℃／20分钟

从大葱的下部开始卷五花肉，留出大葱上面的绿色部分。虽然配料只有盐和柠檬汁，但五花肉的甜香配上葱香以及青紫苏的清香，味道足够好吃。

材料

大葱……4 根
猪五花肉……300g
青紫苏叶……12 片
盐……1/2 小勺
柠檬……1/2 个

做法

1 猪五花肉上稍微撒一些盐。

2 在葱白上斜着划几刀。1 根大葱卷 3 片青紫苏叶，再均匀地卷上五花肉片。

3 放入 200℃的烤箱内烤 20 分钟。取出后挤上柠檬汁即可享用。

奶油咸鱼烤
小松菜芋头

芋头切薄片后不要用水冲洗，让芋头表面的黏液融入汤汁，这样汤汁就会变得特别浓稠。配料中加入了酸奶，为浓稠的汤汁再添一分清爽。

材料

芋头……6 个
小松菜……1 把

A {
鲜奶油……100mL
酸奶……100g
咸鱼肉……50g
白糖……1 小撮
}

比萨用奶酪……20g

做法

1　将芋头去皮后横着切圆片，小松菜切大块备用。

2　将步骤1的食材和A中的材料混拌在一起，放入200℃的烤箱内烤25分钟，撒满奶酪后再以230℃烤5分钟。

200℃／25分钟
▼
230℃／5分钟

墨西哥风味
番茄烤鱿鱼

番茄不用切开整个放进去烤，吃的时候咬一小口慢慢品尝更加美味哦。推荐用法棍面包蘸着鳀鱼汤汁吃。

材料

鱿鱼……2 条
番茄……中等大小 3 个
蒜……1 瓣
西芹……30g
鳀鱼……3 片
盐……1 小勺
橄榄油……200mL

做法

1 取出鱿鱼内脏，将鱿鱼须和鱿鱼身分开。将鱿鱼身横着切成圆环，鱿鱼须对半切开。

2 将蒜、西芹、鳀鱼研碎，和橄榄油、盐混拌在一起。

3 把番茄和鱿鱼摆在耐热容器内，将步骤 2 做好的酱汁淋在周围。

4 放入 210℃的烤箱内烤 20 分钟。

210℃／20分钟

油烤土豆沙丁鱼

沙丁鱼和土豆浸在两种油中烧制而成，柔软可口。加入了盐渍花椒和咸梅干碎，适合当作日本酒的下酒菜。如果没有盐渍花椒，也可以在食用时撒上一些花椒粉。

材料

沙丁鱼……4 条
土豆……2 个

A
橄榄油……100mL
色拉油……100mL
蒜（切薄片）……1 瓣
咸梅干（去核）……1 个
盐……1/2 小勺
盐渍花椒……1/2 小勺

做法

1 沙丁鱼去鳞、去内脏后切成 3 等份。土豆带皮切成半圆形的小块。

2 将步骤 1 的食材放入耐热容器内，将 A 中的材料浇在上面，放入 180℃的烤箱内烤 25 分钟。

180℃／25 分钟

新式肉酱烤白菜

将混合肉馅和白菜一层一层铺好放入烤箱，从白菜中渗出的水分会像汤汁一样布满容器。白菜是适合冬季吃的烤箱料理食材，春季换成圆白菜，也别有一番风味。

材料

牛肉和猪肉的混合肉馅……200g
白菜……1/8 棵
番茄……1 个

A
番茄酱……1 大勺
英国辣酱油……1 大勺
肉豆蔻……少许

盐……1/2 小勺
橄榄油……1 大勺
比萨用奶酪……40g

做法

1 白菜切成 3cm 长的段，加入盐和橄榄油搅拌均匀。番茄切成 1cm 见方的小块。

2 将 A 中的材料拌入混合肉馅中，搅拌至顺滑，再放入番茄略微混拌一下。

3 将肉馅和白菜按顺序一层一层铺在耐热容器内，最后撒上比萨用奶酪，放入 210℃的烤箱内烤 20 分钟。

210℃／20 分钟

烤肉酱千层胡萝卜

一道菜成功的关键不仅在于味道，也在于造型！
烤箱就能轻松做出这样的料理。在胡萝卜上撒些
面粉，铺在耐热容器内，不仅好看，吃起来也很
方便！

材料

牛肉和猪肉的混合肉馅……400g
胡萝卜……3 根

A ┃ 蛋黄酱……3 大勺
A ┃ 番茄酱……3 大勺
A ┃ 迷迭香（切碎）……2 小勺

蛋黄酱……适量
面粉……适量
迷迭香（带枝叶）……2 根

做法

1 胡萝卜洗净后削皮，竖着切长薄片，略微撒
些面粉。将 A 中的材料拌入混合肉馅中，搅
拌至顺滑。

2 一片胡萝卜一层肉馅，将食材按顺序摆在耐
热容器内。

3 放入 200℃的烤箱内烤 20 分钟。挤上蛋黄酱，
撒上迷迭香，再次放入烤箱内，以 230℃烤 5
分钟。

> 200℃ / 20 分钟
> ▼
> 230℃ / 5 分钟

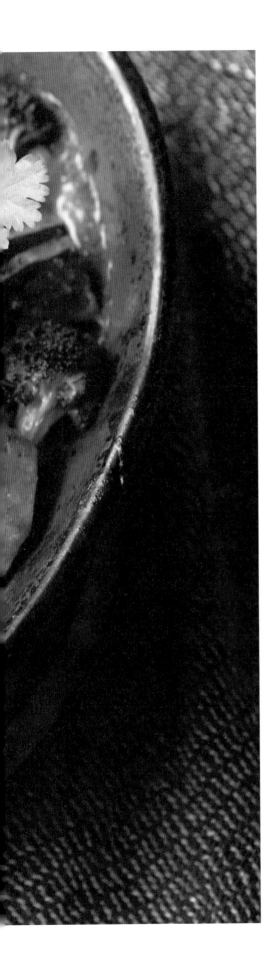

泰式咖喱烤香肠南瓜

辛辣的泰式咖喱搭配甜软的南瓜，味道绝佳！本菜谱中使用的是即食泰式绿咖喱酱。另外，我特别爱吃香菜，所以增加了香菜的分量，您可以按照喜好酌情增减！

材料

香肠……4 根
南瓜……1/4 个
西蓝花……1/3 棵
A ｜ 泰式绿咖喱酱……30g
　 ｜ 椰奶……1/2 罐（140g）
香菜……适量

做法

1 将带皮的南瓜切成 1cm 见方的小块，香肠对半切开，西蓝花掰成小朵。

2 把 A 中的材料和步骤 1 的食材混拌在一起，倒入耐热容器中，放入 180℃的烤箱内烤 25 分钟。撒上香菜即可享用。

180℃／25 分钟

辣椒蛋黄酱烤青花鱼牛油果

用辣椒酱和蛋黄酱给青花鱼和牛油果提味，让其更加好吃。辣椒酱只放了调味的量，不会影响整体口感，烤过的青花鱼味道柔和鲜美，即使平时不爱吃青花鱼或不喜欢辣椒酱的人，吃起来也完全没有问题。

材料

青花鱼……半条
牛油果……1 个
洋葱……1 个

A
| 辣椒酱……1 大勺
| 蛋黄酱……1½ 大勺
| 姜泥……1 小勺
| 酱油……1/2 小勺
| 牛奶……1 小勺

做法

1 将青花鱼切成 3cm 长的段，用盐稍微腌一会儿。牛油果和洋葱都切薄片。

2 取一半 A 中的材料涂在耐热容器底部，铺上洋葱，再把青花鱼和牛油果交错地摆在上面，最后把剩下的 A 中材料涂在食材上。

3 放入 210℃的烤箱内烤 25 分钟。

210℃／25 分钟

海鲜土豆杂烩

烤好后用汤勺拌匀汤汁会更好吃！这道菜吃下去会让全身立刻温暖起来，非常适合冬天享用。因为汤汁中融入了好吃的土豆泥，适当减少奶酪的用量，就可以当作婴儿辅食了。

材料

海鲜什锦……120g

土豆……1 个

法棍面包……1/4 根

牛奶……500mL

法式速食汤料……1½ 小勺

盐……1/4 小勺

帕尔玛奶酪……3 大勺

做法

1 取一个深的耐热容器，放入去皮后捣碎的土豆泥、牛奶、盐、法式速食汤料，搅拌均匀。

2 将法棍面包切成适口的小块，和海鲜什锦一起放入耐热容器内，铺上帕尔玛奶酪，放入220℃的烤箱内烤 20 分钟。

220℃／20分钟

柠檬辣椒酱烤鱿鱼蔬菜丝

整条鱿鱼烤过后鲜嫩可口，放在容器正中央，各色蔬菜点缀在周围，看起来赏心悦目。酱汁中特别加入了鱿鱼内脏，味道更加浓郁。

材料

鱿鱼……1 条
西葫芦……1/2 根
黄甜椒……1/2 个
胡萝卜……1/2 根
柠檬……1/2 个

A | 辣椒酱……2 小勺
酱油……2 小勺
芝麻油……1 小勺
鱿鱼内脏……1 条的量

做法

1 鱿鱼去内脏，鱿鱼须切块。柠檬切成月牙形小块，所有蔬菜都切成丝。

2 将 A 中的材料混合在一起，取一部分均匀地涂在鱿鱼表面以及内壁。

3 将鱿鱼以及所有的蔬菜丝摆在耐热容器内，浇上剩余的 A 中材料。放入 220℃ 的烤箱内烤 15 分钟。挤上柠檬汁即可享用。

220℃／15分钟

酸橘汁豆瓣酱
烤萝卜五花肉

慢火烤出萝卜的甘甜和五花肉的浓香，是一道美味的烤箱佳肴。配料中还加入了豆瓣酱、甜面酱、樱花虾，即可佐餐又可配酒。上桌前挤上酸橘汁，或者其他柑橘类果汁，味道更胜一筹！

材料

猪五花肉……200g

萝卜……1/4 根（300g）

樱花虾……1 大勺

酸橘……1 个

A
- 酱油……1 小勺
- 豆瓣酱……1 小勺
- 甜面酱……2 小勺
- 蒜泥……约 1/2 瓣的量

橄榄油……2 小勺

做法

1 萝卜洗净去皮后切成圆片，猪五花肉切 3 等份。

2 将 A 中的材料和步骤 1 的食材混合在一起，搅拌均匀后放入耐热容器内，淋上一圈橄榄油。撒上碾碎的樱花虾，放入 200℃的烤箱内烤 25 分钟。挤上酸橘汁即可享用。

200℃／25分钟

烤金枪鱼鸡蛋辣椒船

这道菜不仅造型美观，口感也特别棒，最重要的是做法简单，可以和孩子一起动手制作！作为早餐，可以在"辣椒船"内加些面包。作为晚餐，在蛋黄酱内加些颗粒芥末酱，也可以搭配红酒享用。

材料

鸡蛋……6个

甜椒……3个

A
洋葱（切碎）……60g
金枪鱼罐头（油浸）……2罐
蛋黄酱……4大勺

胡椒碎……少许

做法

1 甜椒竖着对半切开，去籽。将 A 中的材料混合在一起填入甜椒内，再打入一个鸡蛋。

2 将甜椒摆在耐热容器内，撒上胡椒碎，放入 210℃的烤箱内烤 15 分钟。再撒上一些胡椒碎即可享用。

210℃／15分钟

豆腐鳕鱼子酱烤芦笋山药

220℃／20分钟

日式绢豆腐不需要控水，直接用打蛋器打成豆腐糊。配料中加入了广受大家欢迎的蛋黄酱、鳕鱼子，味道更好。翠绿的芦笋搭配略带粉色的鳕鱼子酱，令人食欲大增。

材料

芦笋……3 根

山药……15cm（250g）

日式绢豆腐……1 块（350g）

A
| 鳕鱼子（打散）……1 条鱼的鱼子
| 蛋黄酱……2 大勺
| 蚝油……2 小勺
| 盐……1/2 小勺

帕尔玛奶酪……2 大勺

做法

1 将山药去皮后切成不规则小块。芦笋斜着切成小段。

2 用打蛋器将日式绢豆腐打至顺滑，再和 A 中的材料混合在一起做成酱汁。

3 将山药、芦笋与酱汁混合后倒入耐热容器内。铺上帕尔玛奶酪，放入220℃的烤箱内烤 20 分钟。

烤沙丁鱼胡萝卜咖喱汤

胡萝卜切薄一些，便能更好地入味。提前备好沙丁鱼罐头，就能省去很多时间。虽然烘烤的时间有点久，但能让胡萝卜充分入味，烤焦的奶酪也别具特色，是一道值得等待的佳肴！

200℃／25分钟
230℃／10分钟

材料

油浸沙丁鱼罐头……1/2 罐
胡萝卜……1 根
洋葱……1 个
清汤……600mL
咖喱粉……1 小勺
比萨用奶酪……40g
帕尔玛奶酪……2 大勺
百里香（干的也可以）……适量

做法

1 胡萝卜去皮后切圆片，洋葱切薄片，全部撒满咖喱粉。

2 取一个深的耐热容器，用洋葱铺底，放入胡萝卜、沙丁鱼、百里香，注入汤汁。

3 放入 200℃的烤箱内烤 25 分钟，铺上奶酪后再以 230℃烤 10 分钟。

土豆丝鳕鱼子奶汁烤菜

200℃／20分钟

土豆丝千万不可过水。爽口的牛奶、酸奶油与黏稠的土豆淀粉奇妙地融合在一起，口感绝佳。小葱可以斜着切出好看的形状，作为最后的点缀。

材料

土豆……1 个

通心粉……50g

A
鳕鱼子……1 条鱼的量
酸奶油……50g
牛奶……300mL
酱油……2 小勺

小葱……2 根

做法

1 将土豆切丝，鳕鱼子打散。小葱斜着切小段。

2 取一个大碗，将 A 中的材料混拌在一起。

3 把土豆丝、通心粉放入耐热容器内，均匀地浇上 A 中的材料，放入 200℃的烤箱内烤 20 分钟。取出后撒上小葱即可享用。

用剩下的烤箱料理再做一道腌渍菜

吃剩下的烤箱料理，第二天热一热也可以吃，不过更推荐做成别具风味的腌渍菜。
腌渍菜放在冰箱里冷藏可以保存 2 ～ 3 天。

【腌渍菜的做法】

▶ **吃剩下的烤箱料理**

▶ **腌泡汁**

　│　橄榄油
　│　醋（柠檬汁、葡萄酒醋、醋等均可）
腌泡汁的量根据剩菜的多少灵活调节，原
则上没过食材即可。

【推荐食谱】

 孜然黄油烤大块南瓜培根 ▶ p11
※ 橄榄油和醋的比例为 1∶2。

 烤白菜夹咸牛肉 ▶ p42
※ 油和醋的比例为 1∶1。将食
材切开后腌渍。

 抱子甘蓝芜菁烤鲷鱼 ▶ p18
※ 醋。

 烤大葱五花肉卷 ▶ p44
※ 油和醋的比例为 1∶1。

 黑胡椒烤芹菜牛排 ▶ p32
※ 醋。

 油烤土豆沙丁鱼 ▶ p49
※ 醋。

part 3

用普通锅、平底锅做烤箱料理

把日常家用的普通锅或者平底锅直接放进烤箱，
再将咕嘟咕嘟冒热气的锅子端上餐桌。
怀着激动雀跃的心情，品尝这道简单又粗犷的"大餐"吧！

普通锅、平底锅的使用方法

How to use

烤箱的一大亮点，就是可以把普通锅或是平底锅直接放进去使用。

不锈钢锅、砂锅、搪瓷锅、铁锅都可以直接放入烤箱。

铁制或不锈钢制、把手可拆卸的平底锅，也可以直接放进去。

如果手边没有耐热容器，只有烤箱附带的烤盘时，

就可以利用家里的普通锅或是平底锅做出好吃的烤箱料理。

不过，需要注意的一点是，如果锅的把手为树脂、塑料等易熔材质，是不能放入烤箱内的。

铁制平底锅特别适合制作烤箱料理。

不锈钢锅也可以。

铁锅的重量感、外形都很适合。

砂锅也能使用。

把手可拆卸的锅也可以放进去
（使用前先取下把手）。

注意

如果锅的把手为树脂
或者塑料等易熔材
质，不可放入烤箱。

法式鸡肉蔬菜浓汤

法棍面包上覆盖着厚厚的奶酪，是一道营养丰富的蔬菜浓汤，作为休息日的早午餐再合适不过了。虽然需要稍微花些时间烤制，但定时之后就不费工夫，只待蔬菜充分入味，就能品尝到香浓好吃的料理！

190℃／30分钟
230℃／5分钟

材料

鸡腿肉……1/3 只
芹菜……1/3 根
洋葱……1/3 个
西蓝花……1/4 个
番茄……1/2 个
法棍面包……1/3 根
番茄汁……400mL
水……200mL
法式速食汤料（固体）……1 个
比萨用奶酪……50g

作法

1 将鸡腿肉、芹菜、洋葱、番茄切成1cm 见方的小块。西蓝花掰成小朵。

2 把步骤1中的食材以及番茄汁、水、速食汤料放入小锅内，放入190℃的烤箱中烤30分钟，铺上切成厚片的法棍面包和奶酪放入烤箱，再用230℃烤5分钟即可。

章鱼芝麻菜烤花生饭

这道菜成功的关键是在米饭中拌入一些酱油。烤之前把花生酱料均匀地涂抹在米饭表面。成品焦香可口，味道绝佳！

材料

章鱼……130g

芝麻菜……1/2 袋（30g）

米饭……300g

酱油……1½ 小勺

A
酱油……1 大勺
花生酱……15g
白糖……1 小勺
花生（研碎）……20g
水……1 小勺

做法

1 将章鱼切成小粒。将章鱼粒、酱油放入米饭中，搅拌均匀。

2 把步骤1的食材放入耐热容器内，均匀地涂上混合好的A中材料，放入220℃的烤箱内烤15分钟。

3 撒上切碎的芝麻菜，稍微拌一下即可享用。

220℃／15分钟

咖喱秋刀鱼海鲜面

用平底锅盛装这道海鲜面，烤好后直接端上餐桌，造型美观，适合待客。想做得更正宗，可以把咖喱粉换成藏红花！

材料

秋刀鱼……2 条

菜花……1/3 棵

茼蒿……3 根

意大利面……150g

A
咖喱粉……2 小勺
浓缩固体汤料……2 小勺
水……350mL

蒜……1 瓣

盐……少许

橄榄油……1 大勺

做法

1 秋刀鱼去内脏后切成4等份，撒少许盐。蒜切薄片，菜花掰成小朵，茼蒿去茎留叶片切大块。

2 将A中的材料倒入平底锅内煮沸，意大利面掰成3～4cm的长段放入锅内，放上秋刀鱼、菜花、蒜片，注意颜色搭配，淋上一圈橄榄油。

3 放入200℃的烤箱内烤25分钟，撒上茼蒿叶即可享用。

200℃／25分钟

意式葡萄酒烤鲷鱼

用水和白葡萄酒代替高汤炖煮鱼类，这是意大利托斯卡纳地区特有的一道美食。本菜谱将其改良为烤箱料理，鱼皮焦脆，鱼肉鲜嫩，综合了烤箱料理和炖煮料理的优点。

材料

鲷鱼（笠子鱼也可以）……1 条（250g）

花蛤……150g

洋葱……1/2 个

小番茄……6 个

黑橄榄……6 个

A | 白葡萄酒……100mL
A | 水……50mL
A | 盐……1/2 小勺

大麦……2 大勺

盐……少许

意大利香芹……适量

橄榄油……2 大勺

胡椒碎……适量

做法

1 鱼去鳞、去内脏后撒少许盐静置一会儿。花蛤洗净去沙，洋葱切薄片备用。

2 取一口锅或者耐热容器，将鱼放在中间，把洋葱、花蛤、小番茄、黑橄榄、大麦摆在周围。

3 倒入 A 中的材料，淋上一圈橄榄油，放入 210℃的烤箱内烤 20 分钟。撒上胡椒碎和意大利香芹即可享用。

210℃／20分钟

烤金枪鱼圆白菜汤

190℃／30分钟

这道汤做法简单，把材料放进烤箱就可以静候享用了。而且不需要提前准备高汤，金枪鱼罐头中的油分会与圆白菜融合成美味的汤汁，一口喝下去令人神清气爽。再搭配酥脆可口的面包糠，味道绝佳。

材料

金枪鱼罐头（油浸）……1 罐（80g）
圆白菜……150g
小番茄……6 个
酱油……1½ 大勺
水……500mL
面包糠……3 大勺
橄榄油……1 大勺

做法

1 将圆白菜切成 2cm 见方的小块，小番茄对半切开。面包糠和橄榄油混拌在一起备用。

2 取一口小锅或者深的耐热容器，把步骤 1 中的食材以及金枪鱼（带汁）、酱油、水都倒在里面，撒上面包糠，放入 190℃的烤箱内烤 30 分钟。

萝卜鸡汤烤饭团

放饭团时要特别注意不要让其沉底，这样烤出来的饭团表面才能酥脆可口。焦香的饭团和鲜嫩的鸡汤相得益彰，值得一品。

220℃／20分钟

材料

鸡翅……6 个

萝卜……80g

蒜……1 瓣

姜……1/2 块

枸杞子……1 大勺

米饭……150g

酱油……1/2 大勺

鱼露……1 大勺

A │ 酱油……1/2 大勺
　 │ 水……400mL

香菜……2 根

芝麻油……1 大勺

做法

1 将鱼露倒在鸡翅上，用手反复揉搓。蒜拍碎，姜切碎。萝卜切成扇形片状。

2 酱油与米饭混拌在一起，捏成饭团。

3 取一口小锅或者深的耐热容器，放入步骤 1 的食材以及 A 中的材料。放上饭团，注意不要让饭团沉底，淋上芝麻油，放入 220℃的烤箱内烤 20 分钟。撒上香菜、枸杞子即可享用。

多蜜酱汁蘑菇烩饭

大米直接放入烤箱，做出的烩饭特别有嚼劲。选用市售的罐装多蜜酱汁和番茄酱即可。
为了使受热均匀，烤制时要多次取出容器，用汤勺搅拌。

| 200℃／30分钟 |
| 230℃／5分钟 |

材料

香菇……1 个

杏鲍菇……1 根

蟹味菇……1/3 袋

大米……120g

A | 多蜜酱汁（罐装）……1 罐
  | 番茄酱……1 大勺
  | 水……270mL

帕尔玛奶酪……适量

做法

1 香菇切薄片，杏鲍菇切成 4 等份后再切薄片。蟹味菇掰散。

2 取一口小锅或者深的耐热容器，倒入步骤 1 的食材以及大米、A 中的材料，放入 200℃的烤箱内烤 30 分钟，铺上帕尔玛奶酪，再以 230℃烤 5 分钟。

Column 2

用剩下的烤箱料理再做一道好喝的汤

剩下的烤箱料理既可以做成泡菜，也可以做成好喝的汤。
烤箱浓缩的美味融入汤中，让人回味无穷。如果剩菜的
分量合适，推荐做成汤哦!

【奶香风味】加入牛奶和法式速食汤料煮成的汤品。

孜然黄油烤大块南
瓜培根 ▶ p11

胡椒塔塔酱烤西蓝花鳕
鱼 ▶ p28

奶油咸鱼烤小松菜
芋头 ▶ p46

【法式清汤风味】加入水和法式速食汤料煮成的汤品。

蘑菇山药烤猪里脊
▶ p17

酱油柠檬烤鸡肉芋头
▶ p26

烤白菜夹咸牛肉
▶ p42

【东南亚风味】加入水和鸡精煮成的汤品。

蒜香欧芹味噌烤菜
花三文鱼 ▶ p22

印度唐多里烤海鲜
▶ p27

泰式咖喱烤香肠南瓜
▶ p53

part 4

用烤箱做法式火焰薄饼

火焰薄饼形似比萨，是法国阿尔萨斯地区的知名美食之一。
本书将火焰薄饼稍作改良，选用了更为方便的冷冻比萨饼皮。
烤过的饼皮带有特殊的焦脆口感，非常适合搭配咖啡享用。

比萨饼皮的使用方法

How to use

本书菜谱使用的均为冷冻比萨饼皮，解冻后烤一会儿就可以食用，十分方便。
按照所购冷冻饼皮的商品说明解冻，
将四边折起，为了防止烘烤时过分膨胀，用叉子在中间的饼皮上戳一些小孔。
烘烤后的饼皮口感酥脆。

解冻后，将四边折起来，用叉子戳一些小孔。

放入170℃的烤箱内烤10分钟，饼皮就会如上图一样膨胀起来。此步骤是让饼皮口感酥脆的关键。

用叉子的背面轻压饼皮，使其平整。接着把准备好的食材摆放在饼皮上，再烤7～8分钟即可。

用烤面包机烘烤饼皮……

也许有朋友会问，可不可以用烤面包机来烘烤火焰薄饼的饼皮？我的回答是，当然可以。实际上我曾经也这样尝试过，不过烤出来的饼皮像右图一样，整个都煳掉了。之所以变成这样，是因为饼皮膨胀后就会无限接近烤面包机的发热区。而烤箱和烤面包机的区别就是内部空间较大，即使饼皮膨胀也不会烤焦。如果你使用烤面包机来烘烤饼皮，中途一定记得盖上一层锡纸。

烤黑橄榄咸牛肉火焰薄饼

做好后可以保存较长时间。选用了冷冻比萨饼皮、咸牛肉罐头、黑橄榄3种即食食材，烹饪时间短，适合招待性子急的客人。烘烤过的蛋黄酱焦香四溢，让人食指大动。

210℃／10分钟
210℃／7分钟

材料

冷冻比萨饼皮……1 张
咸牛肉罐头……1/2 罐
黑橄榄（无核）……5 个
比萨用奶酪……30g
蛋黄酱……适量

做法

1　黑橄榄横着切圆片，咸牛肉掰散。

2　将冷冻比萨饼皮放入210℃的烤箱内烤10分钟，取出后放上比萨用奶酪、咸牛肉、黑橄榄，淋上装饰用的蛋黄酱，再以210℃烤7分钟。

烤柿子蓝纹奶酪火焰薄饼

甜糯的柿子搭配略带咸味的蓝纹奶酪，味道绝佳。如果做这道菜时恰逢无花果和柿子成熟的季节，就可以把它们都放进去，口感会更好。做好后用烘焙用纸卷好，就可以带去聚会，与大家分享了。

材料

冷冻比萨饼皮……1 张
柿子……1/2 个
蓝纹奶酪……40g
枫糖浆……1 大勺
百里香……适量

做法

1 柿子切成半圆形的片状。

2 将冷冻比萨饼皮放入 210℃的烤箱内烤 10 分钟，将蓝纹奶酪切碎后按照先奶酪后柿子的顺序铺在饼皮上，再以 210℃烤 7 分钟。

3 最后淋上枫糖浆，撒上百里香即可享用。

> **210℃／10 分钟**
> ▼
> **210℃／7 分钟**

烤无花果卡蒙贝尔奶酪火焰薄饼

我特别喜欢无花果，不过遗憾的是无花果很快就会过季，品尝的机会十分有限。推荐将无花果切片后冷冻保存，想用时取出来直接铺在饼皮上，再放入烤箱烘烤。卡蒙贝尔奶酪和盐要撒得均匀才好吃。

材料

冷冻比萨饼皮……1 张
无花果……2 个
卡蒙贝尔奶酪……1 个
蜂蜜……1 大勺
胡椒碎……少许
孜然粉……1/2 小勺
盐……少许

做法

1 无花果横着切圆片，卡蒙贝尔奶酪切碎备用。

2 将冷冻比萨饼皮放入 210℃的烤箱内烤 10 分钟，将卡蒙贝尔奶酪和无花果放在饼皮上，再以 210℃烤 7 分钟。

3 最后淋上蜂蜜，撒上胡椒碎、孜然粉、盐即可享用。

> **210℃／10 分钟**
> ▼
> **210℃／7 分钟**

烤小沙丁鱼马苏里拉奶酪火焰薄饼

210℃／10分钟
▼
210℃／7分钟

烤之前先尝一下小沙丁鱼的味道，如果觉得不够咸可以撒些盐腌一会儿。这道菜香浓可口，上到老人下至孩童都非常爱吃。奶酪和小沙丁鱼特别适合搭配冰镇酒享用。

材料

冷冻比萨饼皮……1 张
小沙丁鱼……30g
马苏里拉奶酪……1 个
水芹……1 把
芝麻油……1 小勺
柠檬……1/2 个

做法

1 水芹切成 2cm 长的段，马苏里拉奶酪用手掰碎。

2 将冷冻比萨饼皮放入 210℃的烤箱内烤 10 分钟，撒上马苏里拉奶酪和小沙丁鱼，淋上芝麻油，再以 210℃烤 7 分钟。

3 最后撒上水芹，挤上柠檬汁即可享用。

烤洋葱牛油果金枪鱼火焰薄饼

210℃／10分钟
210℃／7分钟

火焰薄饼特色之一就是饼皮焦脆，所以需要沥去金枪鱼罐头的汤汁。给小孩子吃时可以将配料中的芥末、辣椒粉换成番茄酱，做成酸甜可口的火焰薄饼。

材料

冷冻比萨饼皮……1 张

牛油果……1 个

金枪鱼罐头（油浸）……1 罐

洋葱……1/4 个

A 蛋黄酱……1 大勺
酱油……1/2 小勺
芥末……1/2 小勺

辣椒粉……适量

做法

1 牛油果和洋葱切薄片。金枪鱼罐头沥去汤汁。

2 将冷冻比萨饼皮放入 210℃的烤箱内烤 10 分钟，将 A 中的材料涂在饼皮上，然后铺上牛油果、洋葱、金枪鱼，再以 210℃烤 7 分钟。

3 撒上辣椒粉即可享用。

烤小番茄芝麻菜火焰薄饼

摆盘时将小番茄的切口朝上，看起来会更加诱人。配料中加入了塔巴斯科辣椒酱，口味偏成人。

材料

冷冻比萨饼皮……1 张
小番茄……5 个
芝麻菜……4 棵
A | 番茄酱……1½ 大勺
   | 塔巴斯科辣椒酱……1/2 小勺
比萨用奶酪……20g
胡椒碎……适量
橄榄油……适量

做法

1　小番茄对半切开，芝麻菜切 3 等份备用。

2　将冷冻比萨饼皮放入 210℃的烤箱内烤 10 分钟，将 A 中的材料涂在饼皮上，铺上奶酪、小番茄，再以 210℃烤 7 分钟。

3　最后放上芝麻菜，撒上胡椒碎，淋一些橄榄油即可享用。

210℃／10 分钟
▼
210℃／7 分钟

烤葱蒜虾仁
火焰薄饼

这道菜中虾仁是主角，所以挑虾仁时要尽量挑大的。大片的葱和满满的香菜为这道菜增色添香。

材料

冷冻比萨饼皮……1 张
虾仁……10 只
大葱……30g

A | 蒜泥……约 1 瓣的量
番茄酱……1½ 大勺
蛋黄酱……1½ 大勺
鱼露……1/2 小勺

香菜……2 根

做法

1 大葱斜着切成薄片。取 1 大勺 A 中的材料与虾仁混拌在一起。

2 将冷冻比萨饼皮放入 210℃的烤箱内烤 10 分钟，涂上剩下的 A 中材料，铺上大葱、虾仁，再以 210℃烤 5 分钟。

3 撒上香菜即可享用。

210℃／10分钟
▼
210℃／5分钟

85

part 5

烤箱甜点

提到烤箱甜点，想必大家首先想到的都是蛋糕或者曲奇，
不过本书的主题是"懒人烤箱料理"，
所以我想向大家介绍幸福感满溢的超简单甜点。

酸奶烤杂果

除去水分的酸奶经过低温烘烤后，会产生奶酪一样的独特口感。摆盘时注意不要让水果埋在酸奶里，而是要一层一层叠在酸奶上面，这样颜色会更加丰富。

材料

苹果……1/2 个
柿子……1/2 个
任意喜欢的果干……2 大勺
混合坚果……1 大勺
酸奶……1 袋
蜂蜜……2 大勺
盐……少许

做法

1 带皮的苹果切成扇形片状，柿子去皮后也切成扇形片状。

2 将除去水分的酸奶以及盐、蜂蜜一起放入耐热容器内，再放入步骤1的食材和果干，注意色彩搭配，放入 170℃的烤箱内烤 25 分钟。

3 撒上研碎的混合坚果即可享用。

170℃／25 分钟

烤香蕉

这道甜点用的食材十分简单，基本上都可以在超市买到。香蕉推荐用熟透的，会更加好吃！

材料

香蕉……2 根
板状巧克力……1 板
棉花糖……4 个

做法

1. 香蕉的皮去一半留一半。棉花糖对半切开，巧克力掰成小块。

2. 将棉花糖和巧克力放在去皮的香蕉肉上，放入 200℃的烤箱内烤 15 分钟。

200℃／15 分钟

蜂蜜烤苹果

这是一道经典的烤箱甜品。红玉苹果酸味重，但烘烤后颜色鲜亮、红艳，特别适合做烤苹果。

材料

苹果……2 个
细砂糖……2 小勺
黄油……20g
蜂蜜……1 大勺
香草冰激凌……200mL
薄荷……适量

做法

1 苹果挖去核，用叉子在表皮上戳一些小孔，但不要破坏表皮的完整度。

2 用砂糖和黄油填满原来果核的位置，放入 200℃的烤箱内烤 20 分钟。

3 将碎薄荷叶与香草冰激凌混合在一起，点缀在苹果旁，淋上蜂蜜即可享用。

200℃／20分钟

炼乳烤草莓柑果

好似香煎面包片的感觉，把沾满炼乳酱的面包放在水果上，这样就能烤出酥脆的
面包片。炼乳的甜味搭配柑橘类水果的酸味也不错。

200℃／20分钟

材料

草莓……6 个

柑果……1/2 个

面包片……1 片

A
炼乳……80g
白兰地……2 大勺
水……2 大勺

做法

1 草莓去蒂后对半切开。柑果切薄片。
面包片切成适口的小块。

2 将 A 的材料混拌在一起。把水果铺在
耐热容器内，放入沾满 A 的面包块，
淋上剩下的 A 中材料。

3 放入 200℃的烤箱内烤 20 分钟。

烤柑橘

这道甜品的灵感来自于我的先生，他孩童时代曾把柑橘放在炉子上烤着吃。柑橘切得薄一些，撒上糖烘烤，可以带着皮一起吃。味道类似于柔和的橘子啤酒。

220℃／20分钟

材料

柑橘……2 个
细砂糖……2 大勺
黄油……20g
粉红胡椒……适量

做法

1 将柑橘横着切圆片，撒上细砂糖，放上压碎的黄油。

2 放入 220℃的烤箱内烤 20 分钟，按照个人喜好撒上粉红胡椒。

图书在版编目（CIP）数据

懒人烤箱料理 / (日) 新田亚素美著；赵百灵译
. -- 海口：南海出版公司，2019.2
　　ISBN 978-7-5442-7357-2

　　Ⅰ.①懒… Ⅱ.①新… ②赵… Ⅲ.①电烤箱 – 菜谱
Ⅳ.①TS972.129.2

　　中国版本图书馆CIP数据核字(2018)第270420号

著作权合同登记号　　图字：30-2018-148
TITLE：［並べて、焼けるの待つだけほったらかしオーブンレシピ］
BY：［新田　亜素美］
Copyright © Nitta Asomi
Original Japanese language edition published by DAIWASHOBO CO., LTD.
All rights reserved. No part of this book may be reproduced in any form without the written
permission of the publisher.
Chinese translation rights arranged with DAIWASHOBO CO., LTD., Tokyo through
NIPPAN IPS Co., Ltd.

本书由日本大和书房授权北京书中缘图书有限公司出品并由南海出版公司在中国范围
内独家出版本书中文简体字版本。

LANREN KAOXIANG LIAOLI
懒人烤箱料理

　策划制作：北京书锦缘咨询有限公司（www.booklink.com.cn）
　　总策划：陈　庆
　　策　划：滕　明

作　　者：〔日〕新田亚素美
译　　者：赵百灵
责任编辑：雷珊珊
排版设计：王　青
出版发行：南海出版公司　电话：（0898）66568511（出版）　（0898）65350227（发行）
社　　址：海南省海口市海秀中路51号星华大厦五楼　邮编：570206
电子信箱：nhpublishing@163.com
经　　销：新华书店
印　　刷：北京美图印务有限公司
开　　本：889毫米×1194毫米　　1/16
印　　张：6
字　　数：98千
版　　次：2019年2月第1版　　　2019年2月第1次印刷
书　　号：ISBN 978-7-5442-7357-2
定　　价：48.00元

南海版图书　版权所有　盗版必究